Buchstabe A

Affe
Auto
Ameise
Astronaut

A

a

A

a

A

a

Buchstabe B

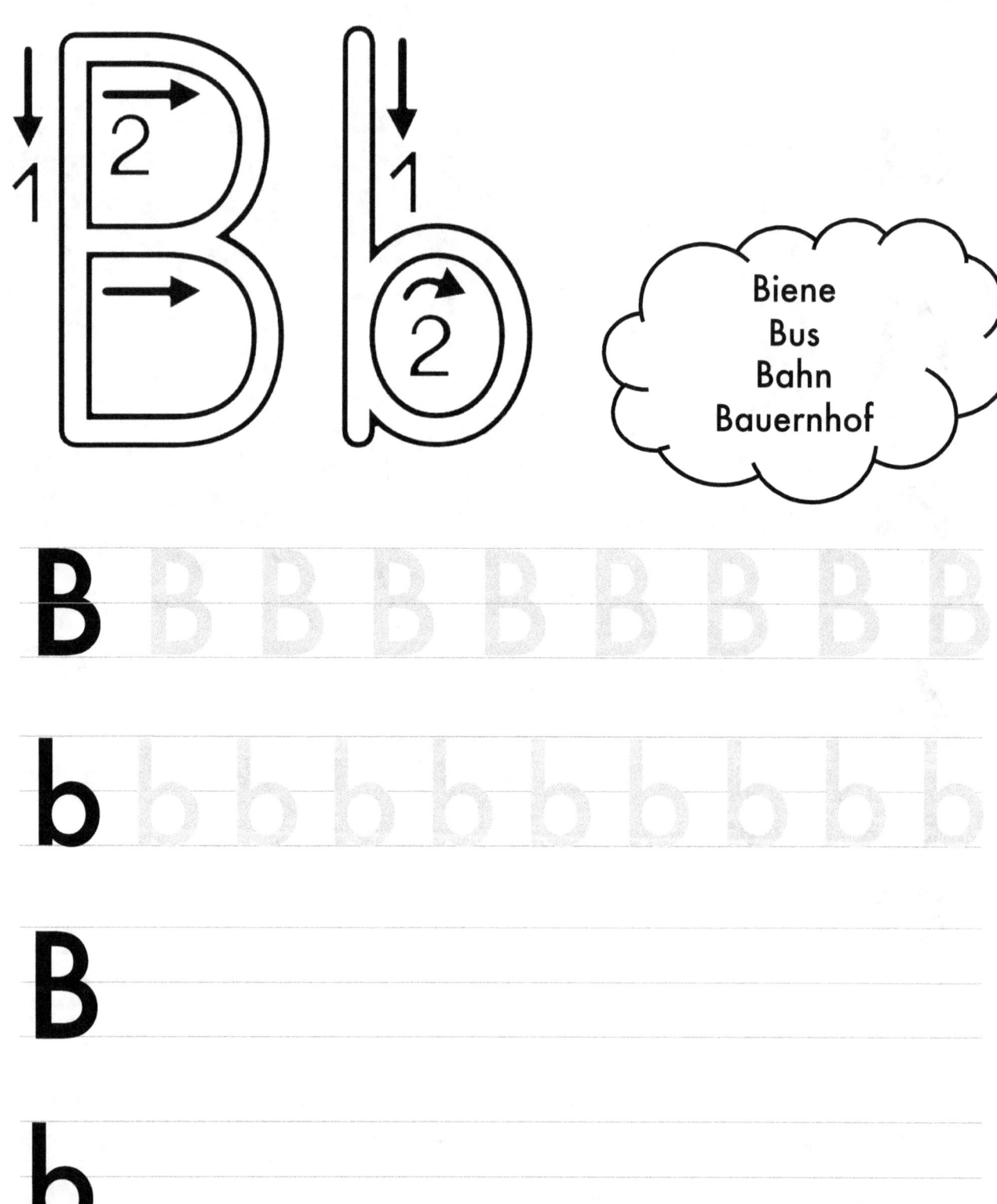

B

b

B

b

B

b

Buchstabe C

Creme
Computer
Clown
Chamäleon

C

c

C

c

C

c

Buchstabe D

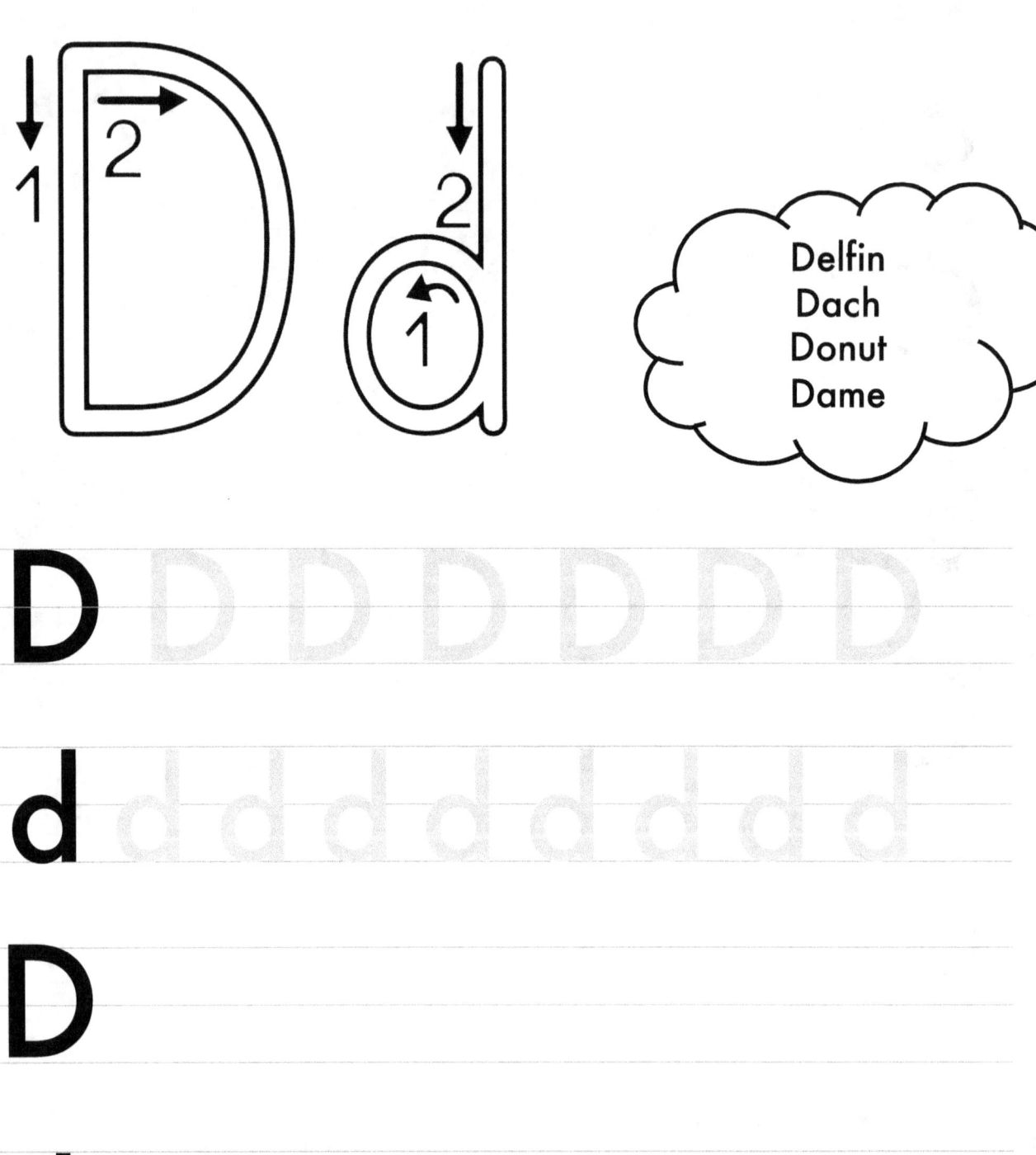

D

d

D

d

D

d

Buchstabe E

Eis
Elefant
Eisbär
Elch

E

e

E

e

E

e

Buchstabe F

Buchstabe G

Ganz
Glas
Gras
Grau

G

g

G

g

G

g

Buchstabe H

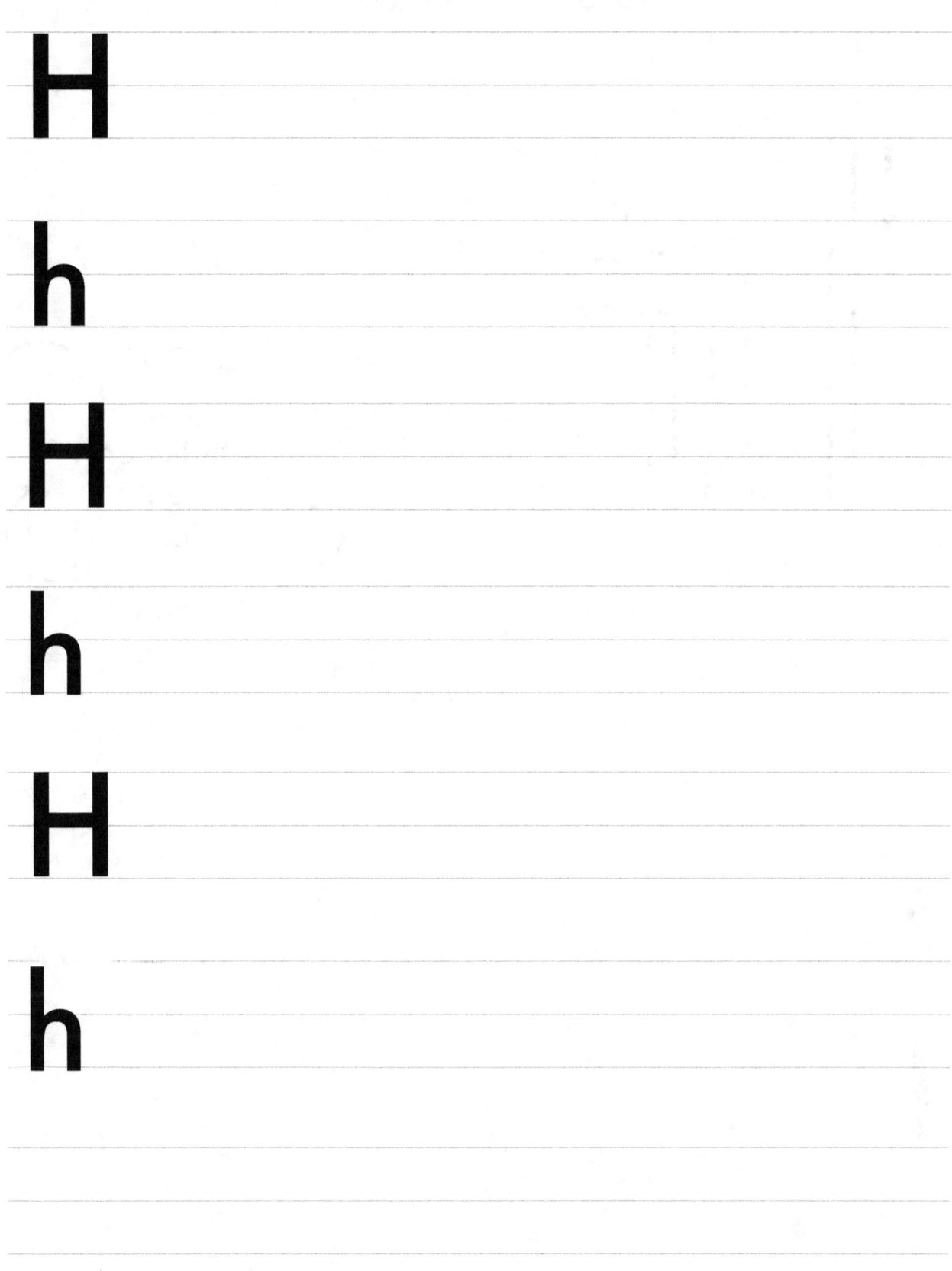

Buchstabe I

Igel
Indianer
Igel
Idee

Buchstabe J

Buchstabe K

Krokodil
Katze
Kinder
Kabel

K K K K K K K K

k k k k k k k k

K

k

K

k

K

k

K

k

Buchstabe L

Liebe
Land
Lauf
Lob

Buchstabe M

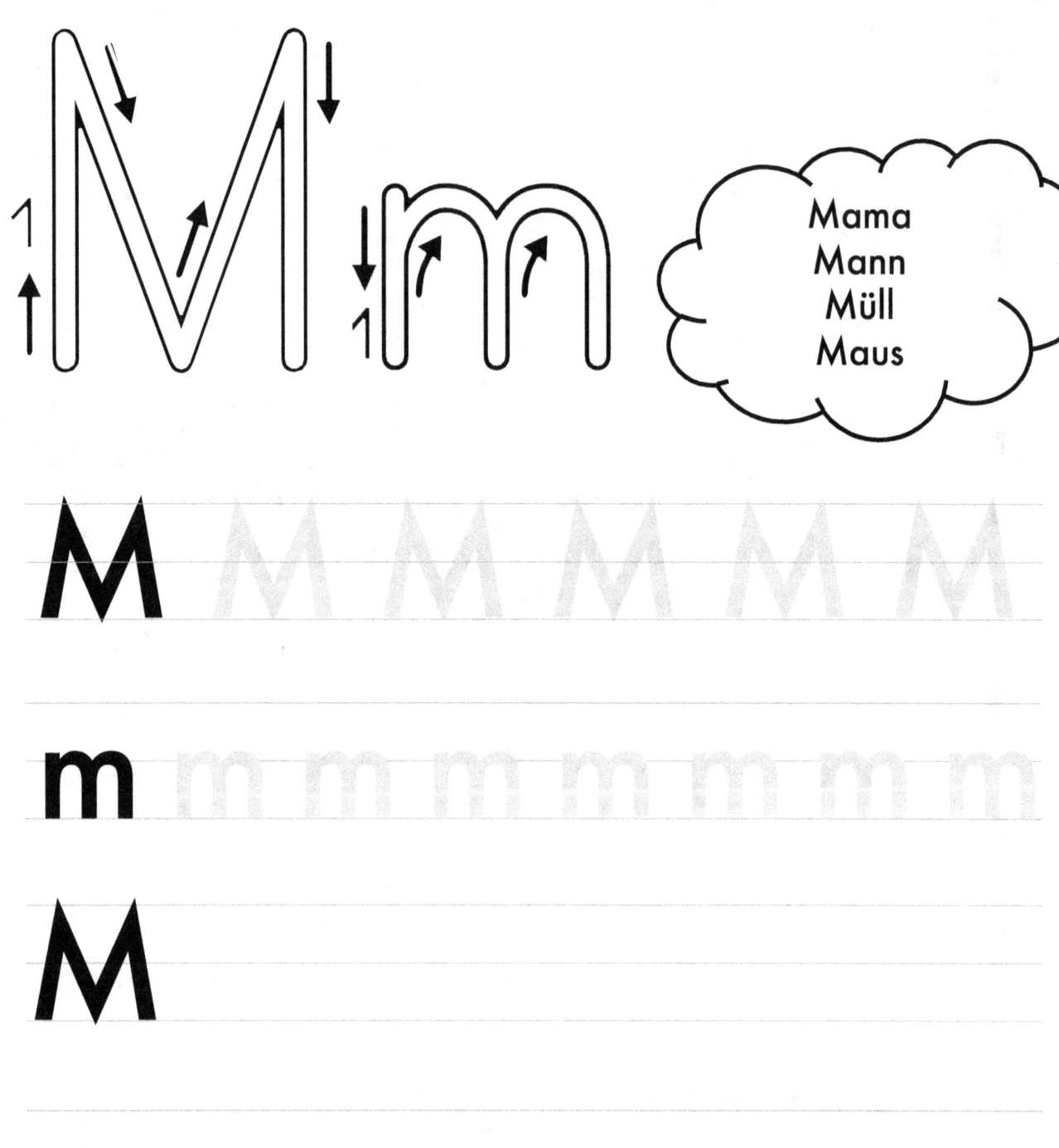

M

m

M

m

M

m

Buchstabe N

Nashorn
Nuss
Nebel
Nacht

N
n
N
n
N
n

Buchstabe O

Oma
Opa
Ostsee
Otter

Buchstabe P

Papa
Polizei
Pflanze
Pause

P

p

P

p

P

p

Buchstabe Q

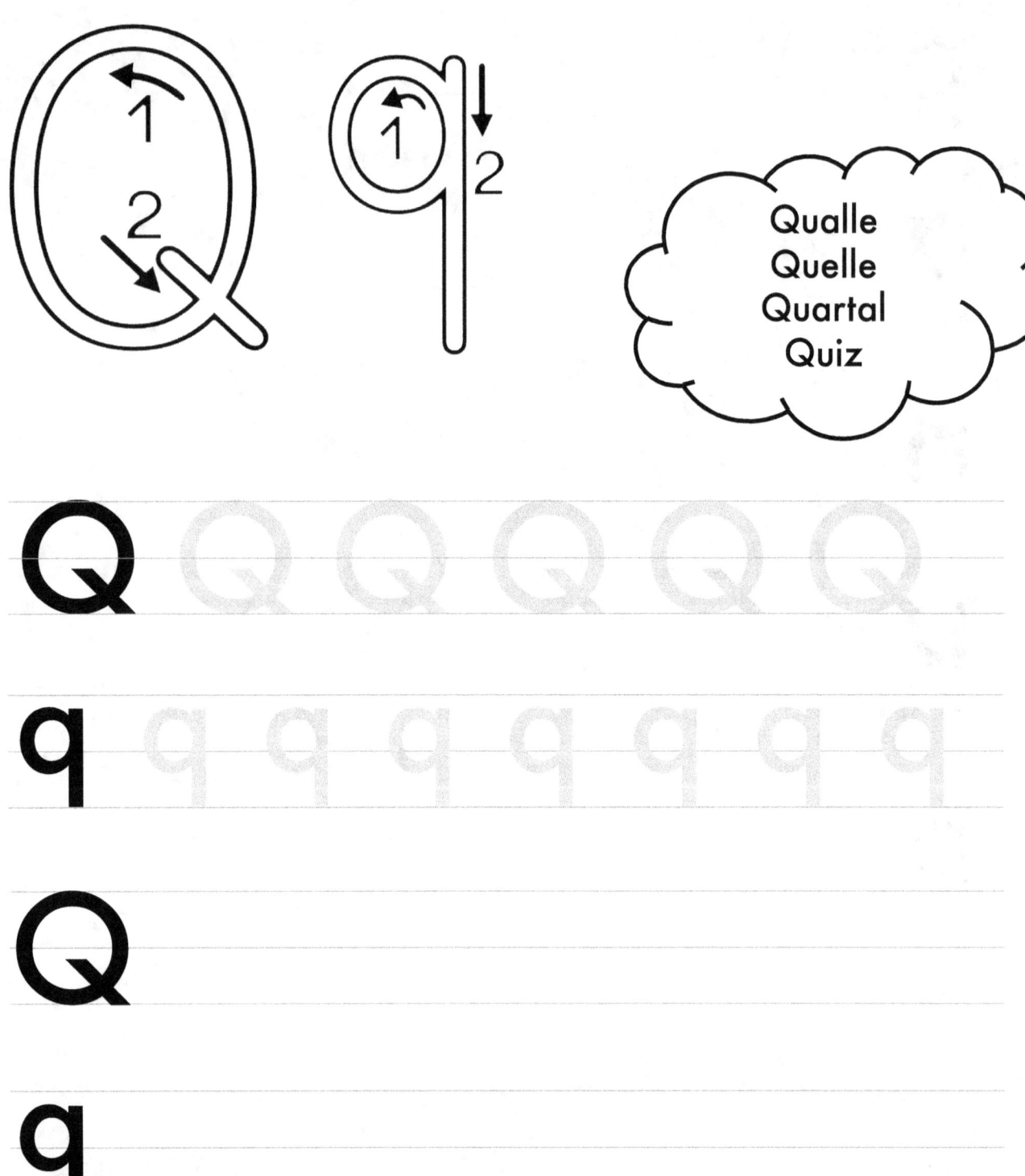

Q

q

Q

q

Q

q

Buchstabe R

R

r

R

r

R

r

Buchstabe S

Straus
Sessel
Stau
Stein

S

s

S

s

S

s

Buchstabe T

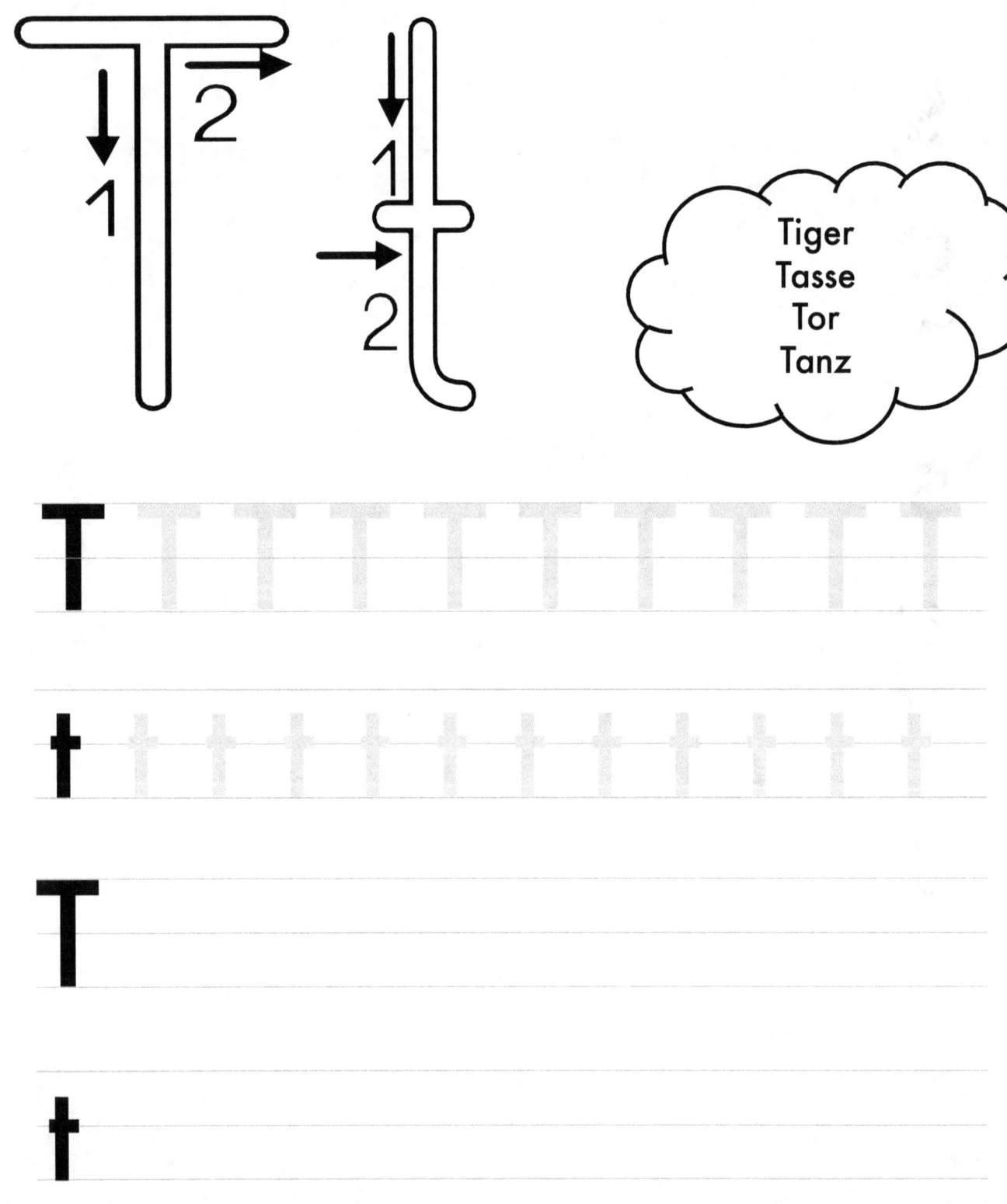

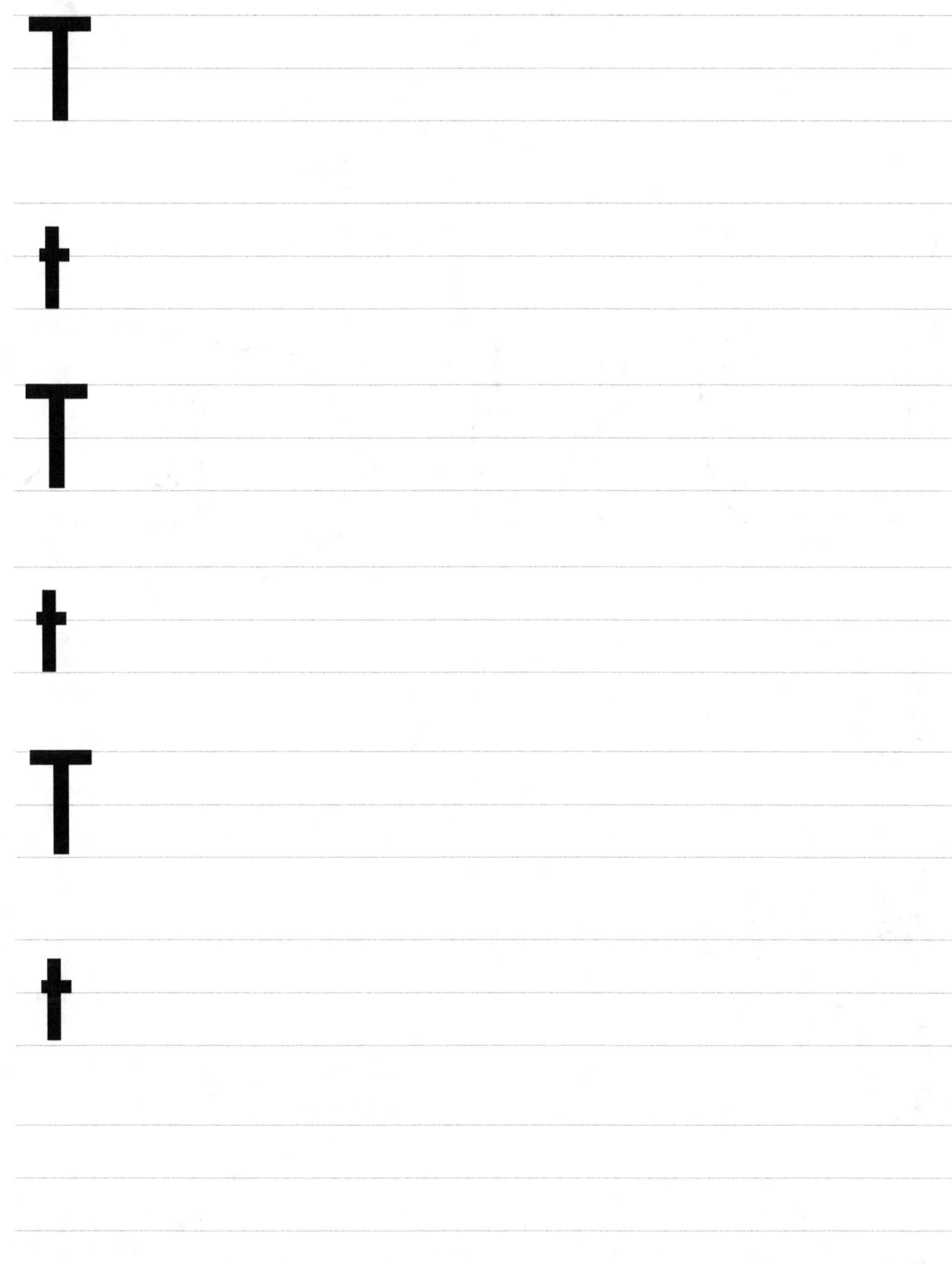

Buchstabe U

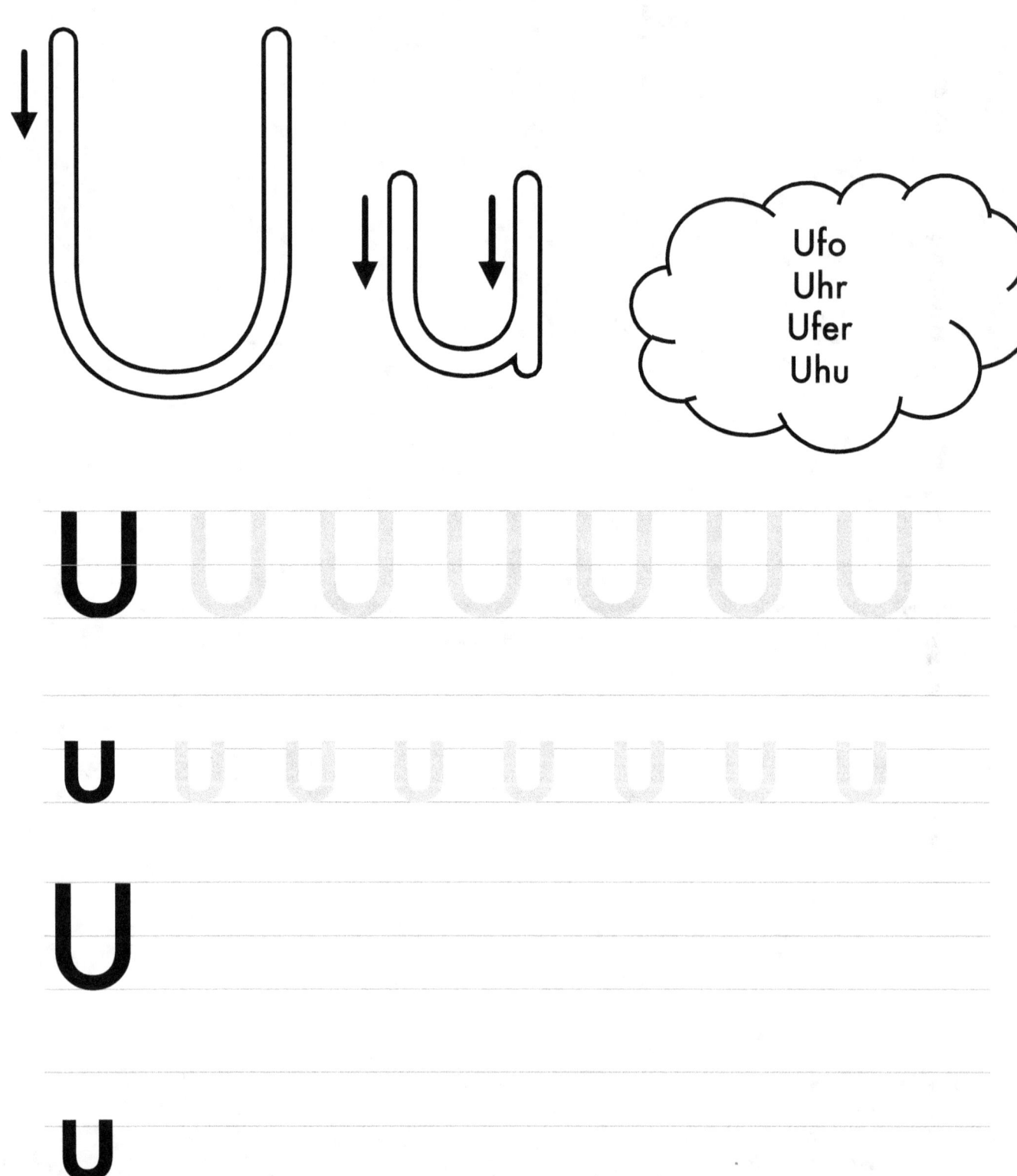

U   u   U   u   U   u

Buchstabe V

Vogel
Vulkan
Vase
Vater

V
v
V
v
V
v

Buchstabe W

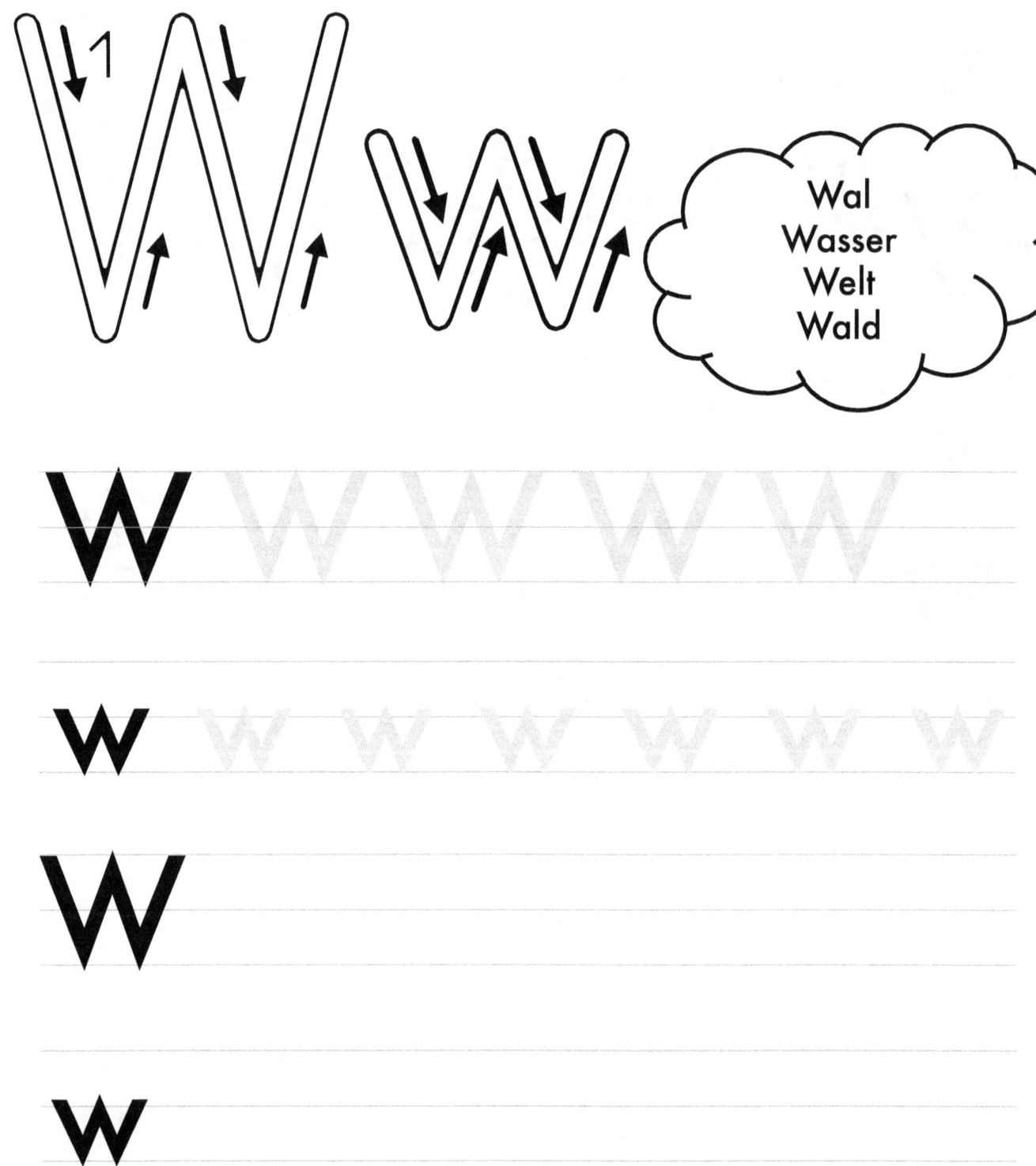

Wal
Wasser
Welt
Wald

Buchstabe X

Text
Hexe
Taxi
Boxer

X

x

X

x

X

x

Buchstabe Y

Y

y

Y

y

Y

y

Buchstabe Z

Zebra
Zug
Zaun
Zahl

Z ZZZZZZ

z zzzzzz

Z

z

Z

z

Z

z

Z

z